海洋动物

撰文/黄祥麟　　审订/戴昌凤

中国盲文出版社

怎样使用《新视野学习百科》?

请带着好奇、快乐的心情，
展开一趟丰富、有趣的学习旅程！

1 开始正式进入本书之前，请先戴上神奇的思考帽，从书名想一想，这本书可能会说些什么呢?

2 神奇的思考帽一共有6顶，每次戴上一顶，并根据帽子下的指示来动动脑。

3 接下来，进入目录，浏览一下，看看这本书的结构是什么，可以帮助你建立整体的概念。

4 现在，开始正式进行这本书的探索啰!本书共14个单元，循序渐进，系统地说明本书主要知识。

5 英语关键词：选取在日常生活中实用的相关英语单词，让你随时可以秀一下，也可以帮助上网找资料。

6 新视野学习单：各式各样的题目设计，帮助加深学习效果。

7 我想知道……：这本书也可以倒过来读呢！你可以从最后这个单元的各种问题，来学习本书的各种知识，让阅读和学习更有变化！

神奇的思考帽

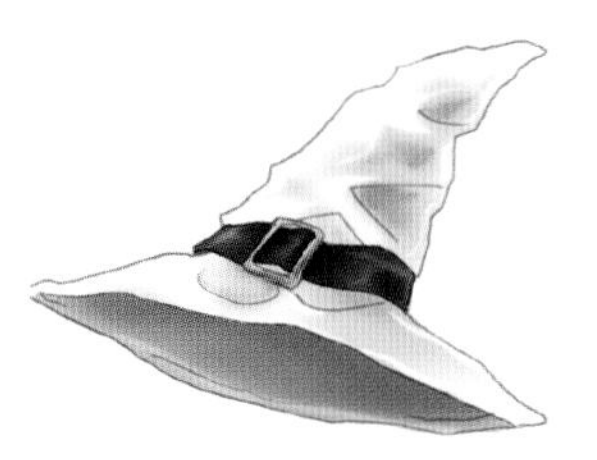
客观地想一想

用直觉想一想

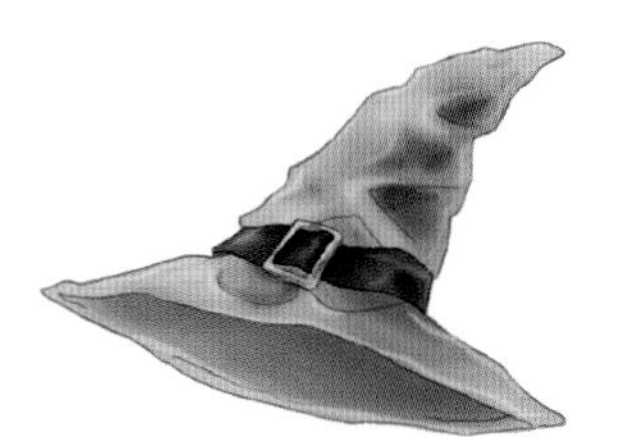
想一想优点

想一想缺点

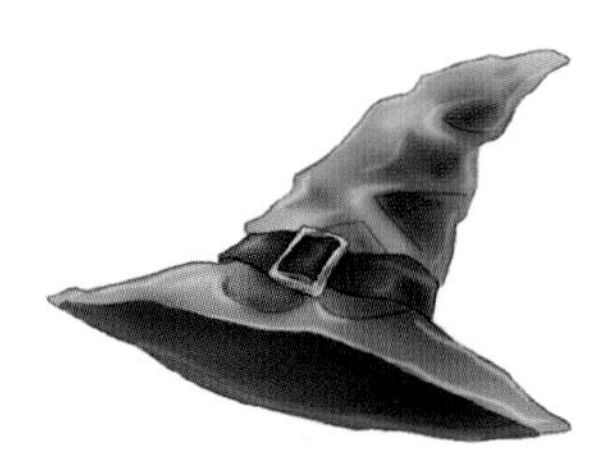
想得越有创意越好

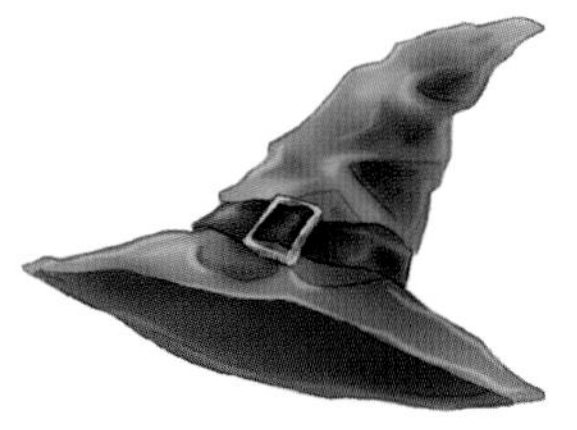
综合起来想一想

?

你看过海洋动物吗？什么地方可以看到海洋动物？

?

你觉得哪种海洋鱼类最特殊？

?

与陆地相比，动物生活在海洋有什么好处？

?

过度利用海洋资源对人类有什么影响？

?

如果你能生活在海中，你想生活在哪一种水域？

?

靠海洋为生的动物种类繁多，它们各有什么不同？

目录

CONTENTS

■专栏

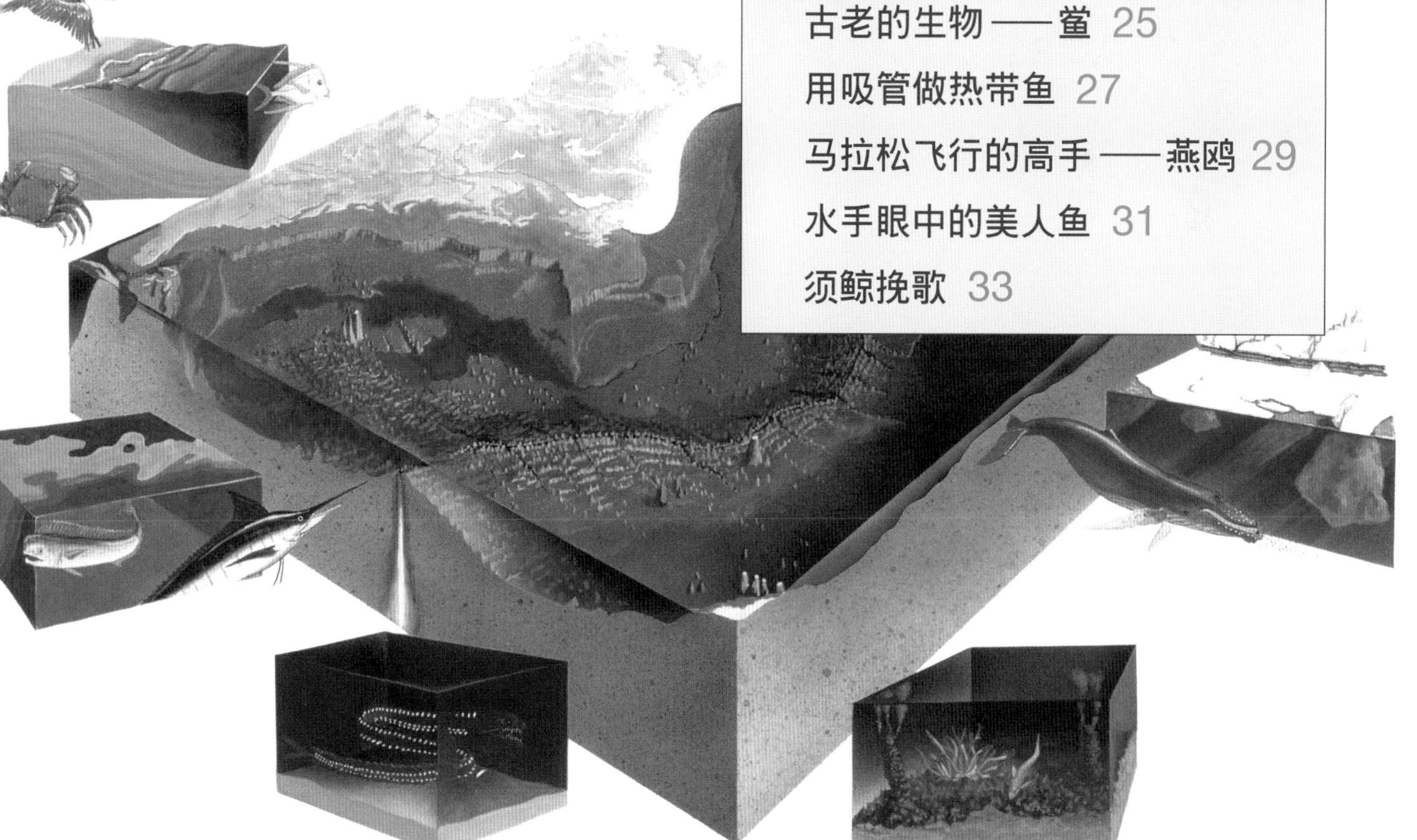

（海洋是许多生物的栖息地）

单元1

海洋环境

海洋是地球上所有生命的起源地，海洋环境随着距离海岸的远近和海水深度的变化而有很大的差异，并孕育出不同的海洋动物。

海水的盐度和温度

海水的味道是咸的，平均每1千克的海水，含有35克的盐，但是各地海水的盐分并不一致，通常温暖海域的海水盐分较高，寒冷海域盐分较低。另外，海水的成分还含有镁、硫、钙、钾等矿物质。

随着海底深度的变化，海底地形可分为：在低潮线至水深约200米的范围称为大陆棚；再往下，海底坡度变大，称为大陆斜坡，直到深度达3,000—5,000米处的海床。海水温度与深度有关，依照海水温度的垂直变化可分为混合层、斜温层和深水层。表层（深度不到200米）海水因海流和波浪作用，使得温度

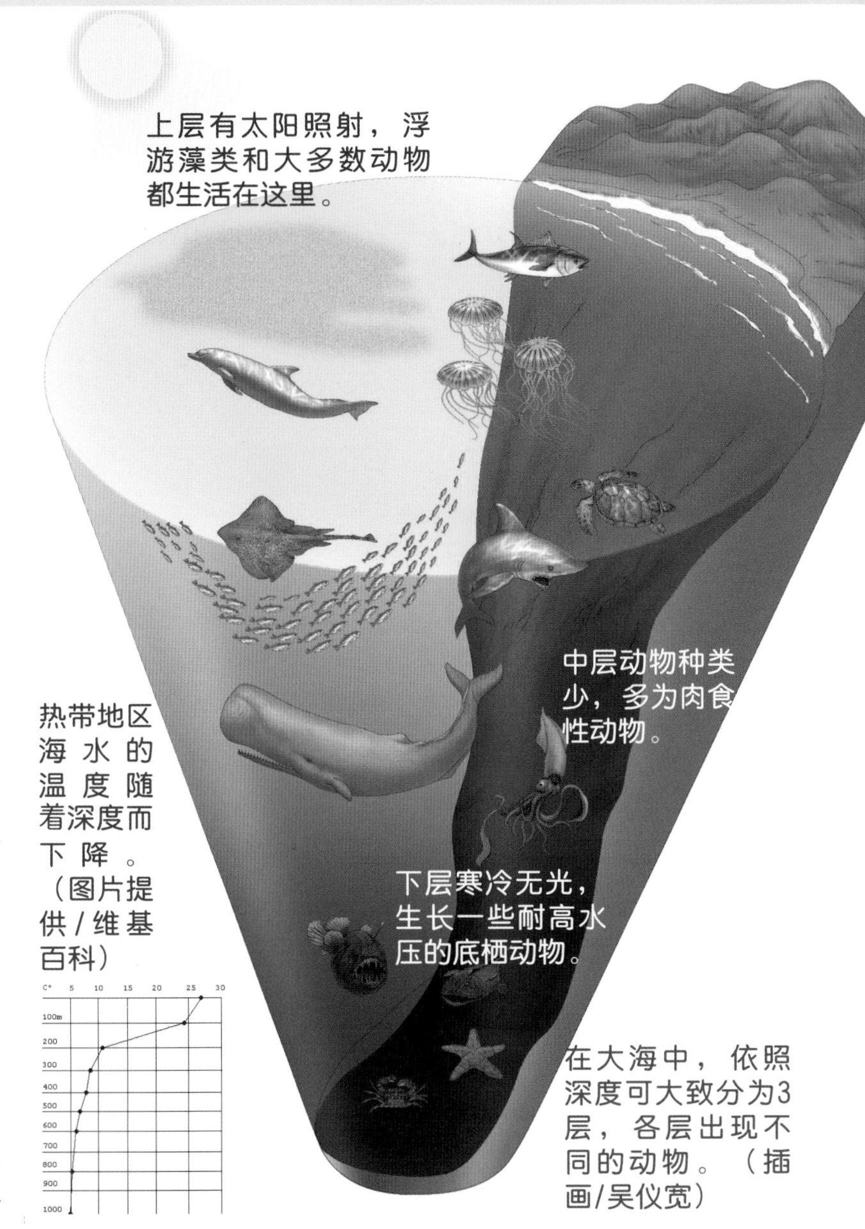

在大海中，依照深度可大致分为3层，各层出现不同的动物。（插画/吴仪宽）

热带地区海水的温度随着深度而下降。（图片提供/维基百科）

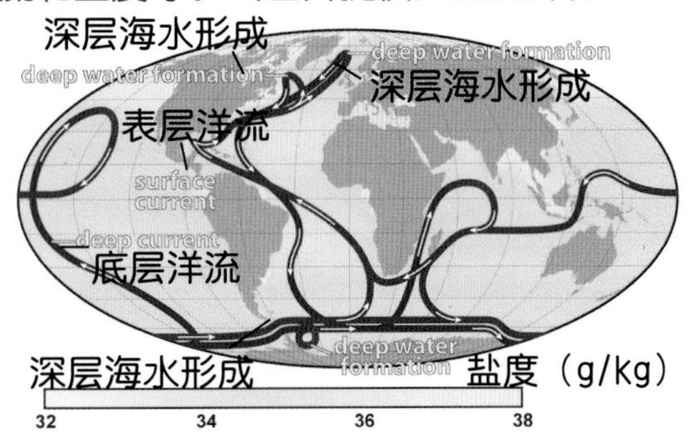

地球上的海洋相连成一片，不过海洋环境却各有不同，包括海水温度、洋流和盐度等。（图片提供/维基百科）

混合均匀，称为混合层，这里的光合作用最旺盛。深度在200—800米的海水，光度已经非常微弱，水温随深度增加而下降，称为斜温层。深度超过800米的海水称为深水层，由于温度很低，水温变化不明显。

沿岸大陆棚地区由于光线充足，下方有海床可供藻类附着，光合作用旺盛，大多数的动物都生长在这个区域。

海底的光线

由于海水会吸收光线，越往深处，光线越弱。一般来说，深度超过80—100米，光线的强度已经不足以维持藻类的光合作用，因此一般把海面至深度100米的区域称为透光层。大部分的海洋动物栖息在这一区域，构成复杂的生态系统。

在深度不超过200米且与陆地连接的浅海区，是海洋生态系统中基础生产量最高的区域，其中珊瑚礁生态系统的生物种类繁杂，又称“海中热带雨林”。相对的，占海洋大部分面积的大洋区，深度都超过200米，基础生产量却很低，因此称为“海中的沙漠”。

海洋深度远超过光线能到达的深度，因此海洋大部分的区域只有微光或完全无光。微光区指水深200—1,000米之间，由于光线微弱，动物只能借以辨认外形和灰阶；到了深度约1,000米以下，呈现完全的漆黑状态。许多栖息在深海的生物具有发光能力，用来照明、诱捕猎物或伪装。

深海的环境严苛，食物来源主要是上层沉积的有机碎屑，只有少数动物能够在这里生长，图为深海中的海葵。（图片提供/达志影像）

奇特的深海鱼类

由于深海的压力非常大，生活在这里的鱼类，骨骼和肌肉通常不发达，如果它们向水面上升的速度太快，常常会因为身体内外的压力不平衡，导致身体变形膨胀，甚至爆裂开来。由于深海的食物不容易取得，很多深海鱼类具有一张很大的嘴、锐利的牙齿，同时腹部的皮膜像腊纸一般，具有很好的韧性和弹性，甚至可以吞食比自己体形还大的动物，而不会撑破肚皮。

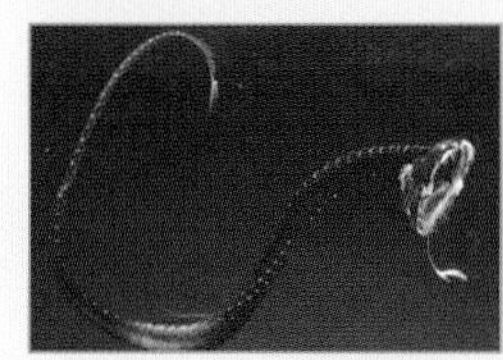

深海的巨口鱼有满口尖利的牙齿，大嘴可张开90度，吞食时上下颚向前移动，能够吞下比身体大3倍的食物。（图片提供/达志影像）

单元2

海洋的食物链

（太阳是地球生物的能量来源）

食物链由生产者、初级消费者、次级消费者及高级消费者组成。海洋生态系统的生产者在近海主要是大型底栖藻类，在大洋则以浮游藻类为主，消费者则包含各种类型的动物。

（图片提供/维基百科）

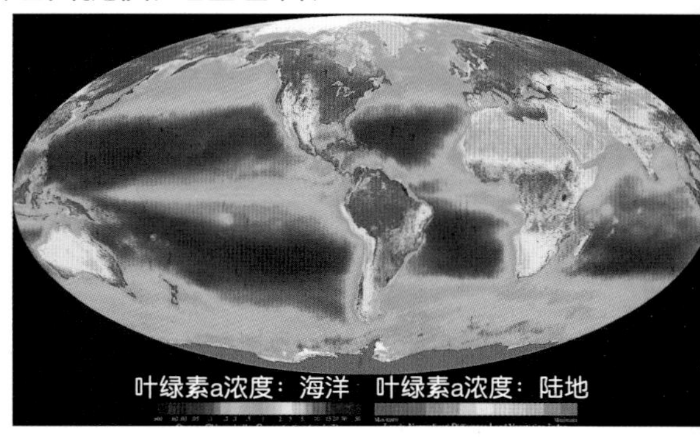

全球海域的叶绿素a浓度分布图，其中红色浓度最高，紫色浓度最低。由此可见大洋的藻类密度低。

食物链能量的传递

食物链不仅代表不同生物间吃与被吃的关系，也代表能量流动的方向。地球上的生态系统中，绝大部分的能量来自于太阳能，通过生产者的光合作用，把光能转化为生物能，同时将二氧化碳和水转换为氧气和养分，这样各种动物才有足够的能量维持生命。不论是草食动物、肉食动物还是腐食动物，都是直接或间接利用生产者转换的能量。

海洋中最主要的生产者是一些能够进行光合作用的藻类，由于阳光只能穿透海水的表层，使得大部分的生产者仅能生活在浅海或大洋的表层。根据形态及生活方式，藻类可以大致分为浮游藻类和底栖藻类。草食性动物和浮游动物以藻类为食。浮游动物又是许多

海洋食物链中，生产者和初级消费者多为体形微小的浮游生物，却能供养各种大大小小的动物。（插画/余首慧）

鱼苗和其他大型动物的食物来源，接着大鱼吃小鱼。海洋哺乳动物和鸟类则是高级的消费者。海洋中的食物链因此形成。

海洋中的生产者

浮游藻类是海洋生态系统最重要的生产者，主要为矽藻和涡鞭藻，虽然它们的体形微小，甚至必须借由显微镜才能够看到，但是由它们进行光合作用所产生的氧气，却占了地球上氧气的大部分。这些浮游生物对环境的变化相当敏感，温度升高或阳光中紫外线的增加都有可能影响它们的生存。由于海中浮游生物数量庞大，可以直接或间接供养海洋中的大型动物，因此

矽藻广泛分布于全球的海洋，能利用太阳的能量将无机物转化为有机物，是海洋动物重要的能量来源。（图片提供/达志影像）

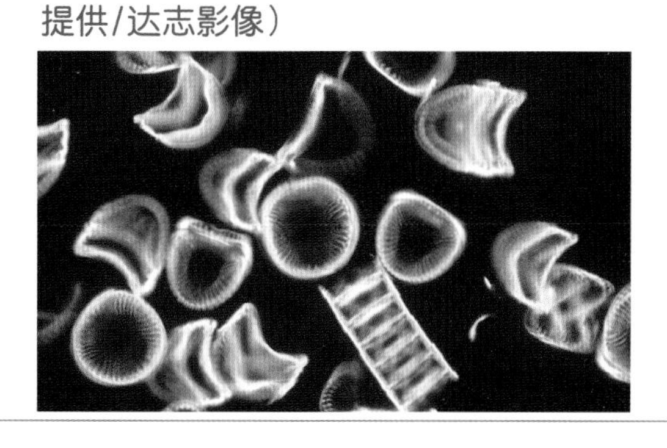

在温带沿海的海域常有大型褐藻聚集，吸引许多海洋动物栖息觅食。（图片提供/维基百科，摄影/Stef Maruch）

它们的数量变化，可能影响海洋乃至于整个地球的生态。

另一类的生产者则是底栖藻类，一般俗称海藻，主要分布在沿海水深不足200米的范围内，主要种类有红藻（如紫菜、石花菜）、褐藻（如昆布）和绿藻（如石莼）等。海藻常在沿海的潮下带形成广大的海藻场，具有相当高的基础生产力。另外，海藻场也是许多动物的幼虫或仔稚鱼良好的栖地，因此对于海洋生态系统非常重要。

光合作用与化合作用

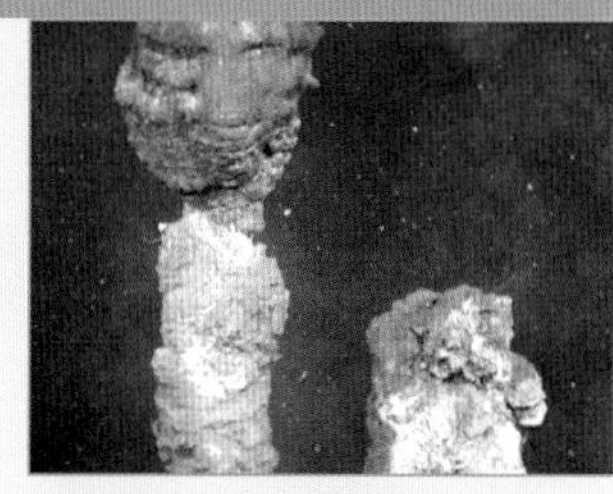

海洋板块交界处喷出的热泉，是硫化菌化合作用的能量来源。（图片提供/维基百科）

地球上大部分的生产者都进行光合作用。光合作用是植物、藻类和某些细菌，利用色素吸收光能，将二氧化碳和水转化为碳水化合物，并在此过程中放出氧气。可吸收光能的色素有叶绿素a、叶绿素b、叶绿素c、叶绿素d和胡萝卜素等，它们分别吸收不同波长的光线。所有的藻类都含有叶绿素a，因此科学家常以叶绿素a来判定浮游藻类的密度。至于光线照射不到的深海地区，原本应该没有生产者，但是在热泉喷出的地方却生长着大量的硫化菌，以热泉的热能进行化合作用，并构成一个以硫化菌为生产者的生态系统。

（红扇珊瑚）

珊瑚礁生态系统

珊瑚礁生态系是地球上最美丽、生物种类最繁杂、数量最庞大的生态系之一，因此被称为“海中热带雨林”，孕育的海洋动物包括海绵、虾、蟹、贝、多毛类、海胆、海参、海百合、海鞘，以及各式各样色彩缤纷的珊瑚鱼类等。

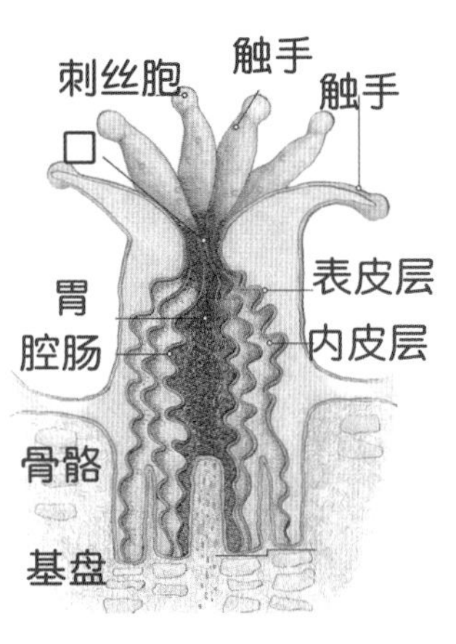

珊瑚虫的构造简单，体形多半只有数毫米，群体共同分泌的外骨骼，能形成巨大的礁石。（图片提供/维基百科）

微小的建筑师：珊瑚虫

由于资源丰富，珊瑚礁生态系统是海洋中生物种类及数量都最多的生态系统，在这里出没的物种众多，彼此竞争或合作，动物之间演化出许多有趣的行为。

珊瑚礁生态系统是由无数的微小珊瑚虫构建而成，它是一种相当原始的动物，在分类上属于刺丝胞动物中的“造礁珊瑚”，能不断地分泌碳酸钙骨骼，形成珊瑚礁。造礁珊瑚的体内具有许多共生藻，其中石珊瑚体内的共生藻密度多达每平方厘米100万个以上，两者是典型的“互利共生”关系，珊瑚虫提供共生藻庇护的场所，而共生藻则提供其进行光合作用所产生的养分给珊瑚虫。

珊瑚礁多半分布在阳光充足的热带浅海区域，食物资源丰富，栖息地多变化，生物种类和数量都很多，被称为“海中的热带雨林”。（图片提供/达志影像）

除了共生藻提供的养分，珊瑚虫的触手能捕捉水中的小生物，也可以黏附水中的有机质，具有过滤海水的功能。珊瑚虫只能生活在干净清澈、含氧量高、盐度和温度稳定的海洋环境。一般来说，符合这个条件的区域大致位于南北纬25度间。此外，还要有充足的光线，以提供共生藻进行光合作用，因此多分布在水深不到50米的浅海。

珊瑚虫原本是透明无色的，由于表皮附着了各种颜色的共生藻，使得珊瑚也呈现出缤纷的色彩。

珊瑚礁的类型

珊瑚礁依形态及结构，可以分为裙礁、堡礁及环礁。裙礁通常沿着大陆或是岛屿的沿岸生长，很容易受到陆地环境变化的影响。裙礁形成后，如果陆地下沉或海面上升，珊瑚不断向上扩展，就会形成位于大陆棚边缘的堡礁。若陆地继续下沉，原本珊瑚礁环绕的岛屿完全沉入海中，就会形成环礁。世界上最大的珊瑚礁是澳洲的大堡礁，总面积大约35万平方公里，是台湾面积的10倍，总共孕育了超过500种珊瑚、5,000多种软体动物和3,000余种鱼类。

珊瑚产卵

珊瑚能利用无性生殖产生许多相同的个体，也可以利用有性生殖的方法产生下一代。珊瑚产卵是非常壮观的自然现象，只发生在每年当中的特定日子，当繁殖的时间来临，珊瑚礁中许多珊瑚群体会一起释放出含有卵子和精子的荚囊，荚囊在到达水面时破裂，其中的卵子和精子就在水面完成受精。每次珊瑚产卵可释放数以亿计的卵子，也吸引许多小型的掠食者前来，尤其是许多生活于水面的浮游动物，而这些浮游动物又吸引更高层的掠食者前来，构成多样的生物群集。

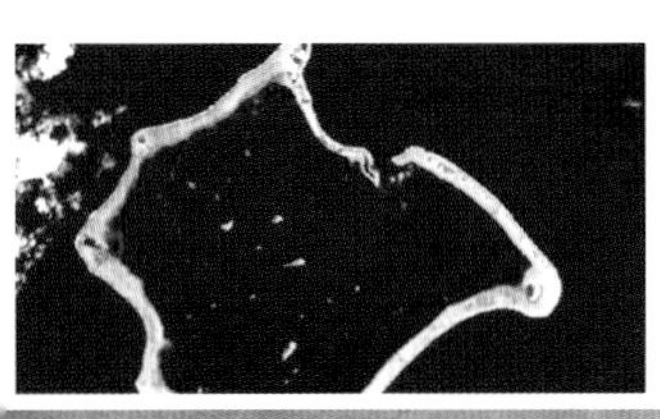
新西兰的环礁（左）中央的岛屿完全消失。澳洲的大堡礁（左下）是最著名的堡礁，拥有丰富的珊瑚礁生态。裙礁（右下）生长位置非常接近陆地。（图片提供/维基百科）

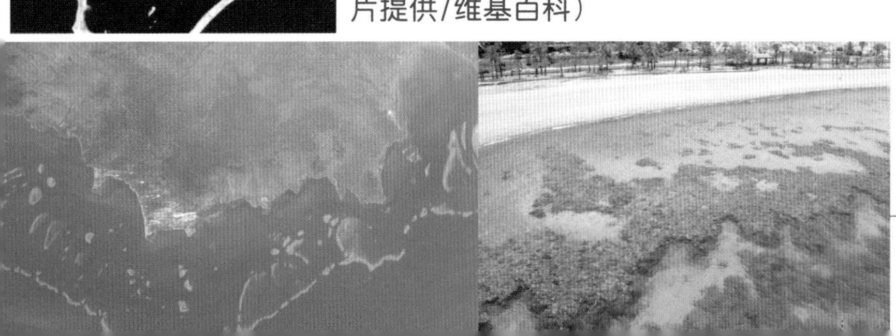

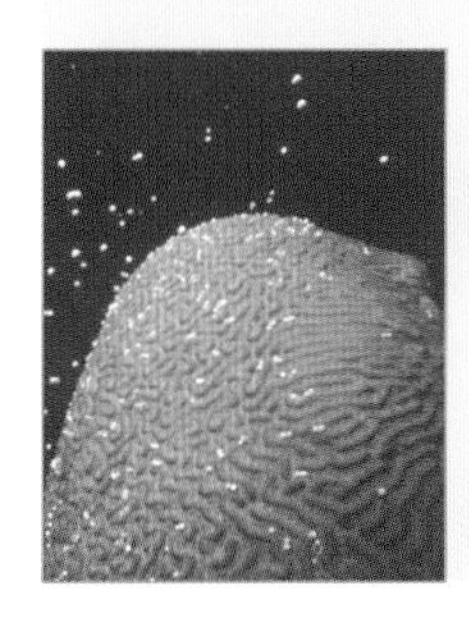
春末夏初的3—6天中，珊瑚集体排放卵子和精子。这是长期进化的结果，可增加受精卵的存活几率。（图片提供/维基百科）

单元4

大洋生态系统

（大白鲨是大洋中的顶级消费者，图片提供/维基百科）

大洋生态系统一般是指位于大陆斜坡以外的区域，占海洋面积的绝大部分。虽然在这个区域可以见到许多体形庞大的动物，但是实际上单位面积的基础生产力相当低，因此被称为“海中的沙漠”。

海洋环境的变化会影响藻类生长，有时海域因为营养盐增加，造成浮游藻类大量繁殖。（图片提供/NASA）

大洋的生产者

大洋生态区位于大陆棚之外，水深超过200米，甚至可以达到数千米。由于此处的水深远大于光合作用的限度，大型的固着藻类无法生长，所以这个区域的生产者以单细胞的浮游藻类为主。浮游藻类的生长受到光线、水温、盐度与营养盐等因素影响，因此藻类的密度随季节和大洋环境而变化。

浮游藻类只能在光线照射到的上层水域生长，在光照时间较长的夏季生长旺盛。例如在极区夏季日照长、营养盐丰富，浮游藻类便大量繁殖；冬天因日照短及结冰，浮游藻类则难以生长。此外，大洋地区通常距陆地较远，无法获得来自陆地的营养盐，多半只能靠海浪搅拌或涌升流，将沉积在海底的营养盐送到上层，供浮游藻类利用，因此藻类的分布也与洋流有关。

科学家进行浮游生物调查。在大洋生态系统中，浮游生物的生长情况直接影响了许多大型海洋动物的分布。（图片提供/达志影像）

大洋的动物

小型浮游动物是大洋生态系统最主要的初级消费者，主要是桡脚类甲壳动物，此外还包含许多海洋动物的幼虫。由于小型浮游动物数量相当庞大，可以供养非常大型的动物，例如鲸类中的各种大型须鲸和最大的鱼类——鲸鲨，都是滤食这些微小的浮游动物。

在食物链的能量传递过程中，大约只有10%的能量能够被下一个阶层的生物吸收，越高阶的消费者往往数量越少，而大型滤食性动物直接摄取食物链下端的生物，能量流失少，因此除了体形大，数量也相当多，以世界上最大的动物——蓝鲸为例，在商业捕鲸开始之前，估计全世界的数量高达20万—30万头。大洋生态系统也是许多大型鱼类的重要栖息地，不过这些鱼类位于食物链最顶端，需要很大的生活海域才能取得足够的食物，许多鱼类甚至会在大洋中游泳数千公里，往返于固定的产卵场和觅食场之间。

鲸鲨体长可达18米，是体形最大的鱼类，在海中滤食微小的浮游动物。滤食时会张大嘴吞入海水，再以鳃过滤食物。（图片提供/达志影像）

黑潮与渔业

由于大洋的生产量低，鱼类往往聚集在特定的环境，这些地区也成为大洋渔业的集中地，如黑潮流经的台湾的东部海域，便是附近的重要渔场。黑潮属于北太平洋暖流，自菲律宾吕宋岛开始往北偏折，主流通过台湾东部海域，到达日本南部，与北方来的冷流汇合，再往东太平洋流去。由于黑潮来自温暖的海域，而且表层海水流速快，就像海洋中的快速道路，动物可以不费太多力气向北前进，因此有大量的洄游鱼类聚集，大型掠食鱼类也被吸引过来，形成资源丰富的渔场。

许多洄游鱼类随着强劲的黑潮由南向北游，黑潮流经的地区因此成为重要的渔场。（图片提供/欧新社）

(海洋哺乳动物以排出浓度高的尿来调节体内盐分)

维持体内的水分

海水的浓度比多数生物细胞质的浓度高，在这种环境中，生物体的水分很容易经过渗透作用流失到周围的海水中，因此生活在海中的生物，所要克服的第一个课题就是设法维持体内的水分。

海水鱼喝下的海水比细胞质的浓度高，且水分向外流失，必须有特殊的方法维持体内水分。(图片提供/达志影像)

硬骨鱼类

鱼类的皮肤和爬虫类、哺乳类的皮肤不同，没有防止水分通过的角质，因此体内的水分很容易经由皮肤或鳃流失到海中。生活在海中的硬骨鱼类，补充水分的方式是先喝下大量海水，当海水通过小肠时吸收其中的水分，最后再利用鳃排出多余的盐分。另外，海水鱼的肾脏结构也和淡水鱼不同。一般来说，海水鱼的肾脏过滤作用的速率较低，但水分再吸收的能力较强，因此排出的尿液量少且浓度高。

至于在淡水与海水之间洄游的鱼类，迁移时也会转换渗透压调节的方式。以鲑鱼来说，当它们生活在海中时，会像一般的海水鱼一样，喝下海水并排出多余的盐分；但当来到河川生活时，鲑鱼会停止喝水，并从食物中补充所需的盐分，同时鲑鱼的鳃也会调整为类似淡水鱼，能够从周围的淡水中浓缩盐分。

鲑鱼原本生活在海中，繁殖时才进入河川。在海水和淡水两种不同的环境生活，鲑鱼调节水分的方法也不同。(图片提供/达志影像)

硬骨鱼的渗透压比海水低，水分由体表流失，以喝海水、鳃排盐和排浓尿来调节。

软骨鱼渗透压比海水高，水分流入，以喝海水、鳃保留尿素和排稀尿来调节。

海豚以排浓尿来调节渗透压。

海鸟喝海水，以鼻腺排出盐分。

左图：由于动物体内的渗透压与外界海水不同，生活在海洋的动物，各以不同的方式来调节体内水和盐分的比例。（插画/施佳芬）

其他海洋动物

相对于硬骨鱼类利用鳃及肾维持体内的水分，软骨鱼类及海洋无脊椎动物采用截然不同的方式来调节体内的渗透压。软骨鱼类大多在身体组织中堆积大量的尿素，使体液的渗透压近似或高于周围的海水，因此身体中的水分不但不会流失到海水中，反而是海水中的水分会不断地进入身体内。如此一来，软骨鱼类面对的问题与淡水鱼类相似，必须将体内过多的水分排出体外。软骨鱼的肾脏具有发达的鲍氏囊及较短的亨耳氏管，基本上都是增加过滤作用的效率，并减低水分的再吸收。

生活在海洋的鸟类、爬虫类及哺乳类，也各自发展出不同的维持体内水分的方法。许多海鸟（如信天翁）会像海洋中的硬骨鱼一样，喝下大量的海水，然后利用鼻腺排出多余的盐分，而海豚等海洋哺乳类则是利用肾脏加强水分的再吸收，以留住体内的水分。

信天翁的鼻腺有分泌盐的功能，可以将过多的盐分排出体外，因此可以直接饮用海水。（图片提供/维基百科，摄影/Mark Jobling）

细胞膜渗透作用

细胞膜是生物体渗透压的重要因素，一般来说，只有水分、气体分子（如氧、二氧化碳、一氧化氮等）及脂溶性化合物可以自由通过细胞膜，其他的物质（如养分、矿物质等）则必须借着细胞膜上的蛋白质的协助，才能通过细胞膜。由于海水的浓度比细胞质来得高，而海水中的盐分又不能自由地通过细胞膜，因此如果不利用一些特殊的方法保持水分的话，水分很容易就渗透到细胞外，细胞也可能因为流失水分而死亡。

细胞在高渗透压的溶液中（左），水流出细胞；等渗透压的溶液中（中），进出细胞的水分保持平衡；低渗透压的溶液中（右），水由外界进入细胞中。（图片提供/维基百科）

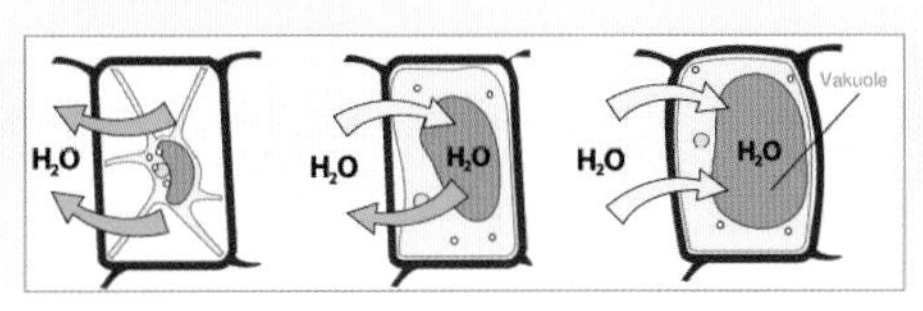

运动方式和体形

（鲸类进化出适合游泳的鳍）

海水的密度大约是空气的1,000倍，动物在海水中运动时受到相当大的阻力，必须消耗大量能量来克服阻力。为了减少运动时的阻力，海洋中的动物发展出最适当的体形。

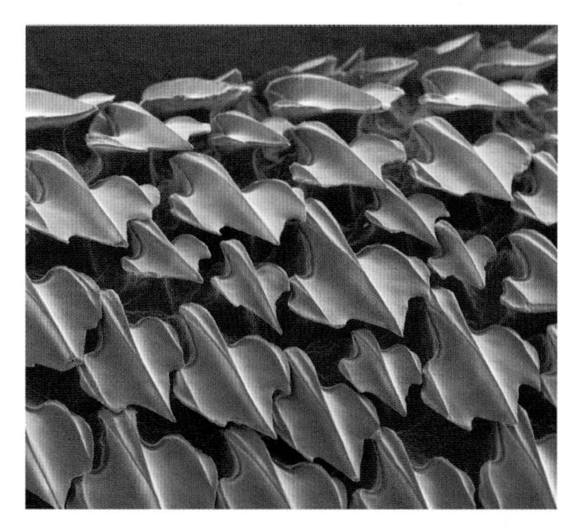
鲨鱼的表皮摸起来非常粗糙，是因为皮肤布满了盾鳞，这样的构造可减少游泳时的水流阻力。（图片提供/达志影像）

减低阻力

动物在海水中运动都必须对抗海水的阻力，而且不同的外形在水中会有不同的阻力。一般来说，外形越呈流线体形的动物，游泳时的阻力越小，也越适合快速游泳，如鲔鱼、鲸豚和鲨鱼等，都是身体呈流线型的游泳高手；相反的，像河豚、海马等不太注重游泳速度的动物，外形上就不大规则。

此外，阻力也和皮肤表面的摩擦力有关。表面越光滑的动物，游泳时受到的阻力就越小，像鲔鱼、旗鱼、鱿鱼、乌贼等都具有光滑的体表。鲨鱼等软骨鱼类的表面虽然并不光滑，不过靠着体表特殊的鳞片，让水流过时产生许多微小的紊流，使水流能平稳地通过身体，不致在身体后方产生强大的紊流，以避免高速游泳时出现太大的阻力。此外，鲸豚类靠着皮肤分泌的油脂，隔离身体和周围的水分子，几乎没有摩擦力存在，阻力也就变小。

许多鱼类身体都呈流线型，这样的外形可让水快速流过身体，减少水的阻力，让动物可以快速前进。（图片提供/达志影像）

动力来源

要能够在海水中前进，首先必须产生足够的推力，以克服水中的阻力并推动身体前进。大部分的鱼类及鲸豚类借由尾部来回摆动产生推力。虽然鱼类的尾部是左右摆动，而鲸豚的尾部是上下摆动，但同样可以产生巨大的推力。旗鱼、鲔鱼等游泳的速度甚至可超过时速100公里。鱼类中的河豚、海马等则采用另一种推进方法，它们快速摆动胸鳍及腹鳍来产生推力，虽然这种方法不能快速游泳，但是却有极高的机动性，身体可以任意变换游泳方向。

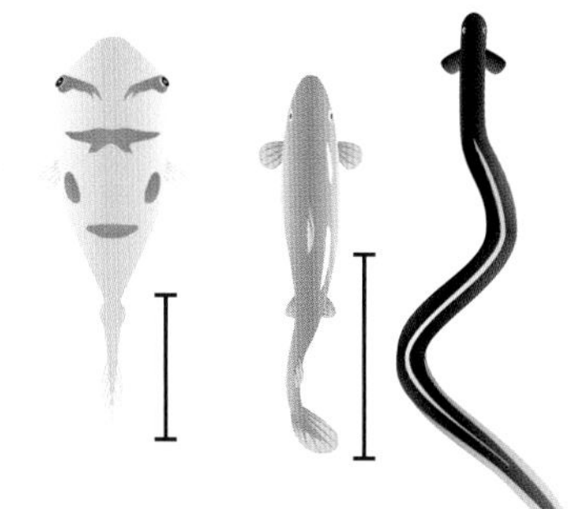
河豚（左）只有鳍可以摆动，游泳速度慢，但可用胸鳍向后游；流线型的鱼（中）摆动范围为身体后段1/3，可产生较大的推进力；长形的鱼（右）以全身摆动前进，方便回转。（插画/施佳芬）

如果把鳍的摆动比作螺旋桨的转动，那么鱿鱼、乌贼或鹦鹉螺等头足类的游泳就相当于喷射了，虽然它们也会利用体侧的软鳍或触手进行短距离的移动，但大部分的时候还是利用喷水管来游泳。游泳时，它们先将外套膜开口打开，让海水进入，然后外套膜的肌肉收缩，内部水压增加，使海水由喷水管喷出，身体便靠反作用力前进。

凹形　月形　叉形　截形　圆形　菱形　双凹形

鱼类为了适应不同的游泳方式，尾鳍进化为不同的形态，其中游泳速度快的鱼类尾鳍多为月形或叉形。（插画/施佳芬）

海洋中的游泳高手

陆地上跑得最快的猎豹，只能持续3分钟时速90公里的奔跑，相对的，海洋动物的游泳能力就十分惊人。鲔鱼可以瞬间加速到时速约160公里，平均游泳速度也可以达约70公里左右，旗鱼游泳的时速约120—130公里，而鲸豚中的杀手——虎鲸，游泳速度也可达时速65公里。但就身体的比例来说，体长约40厘米的枪乌贼才是真正的游泳高手，它的游速虽然仅有时速40公里，如果换算成体长的比例，等于每秒移动体长的25倍，比现代的超音速战斗机还快，而枪乌贼从静止加速到时速40公里只要短短的5秒。

枪乌贼先吸入大量的海水，再将水由喷水管向外喷出，便可产生强大的推进力。（图片提供/达志影像）

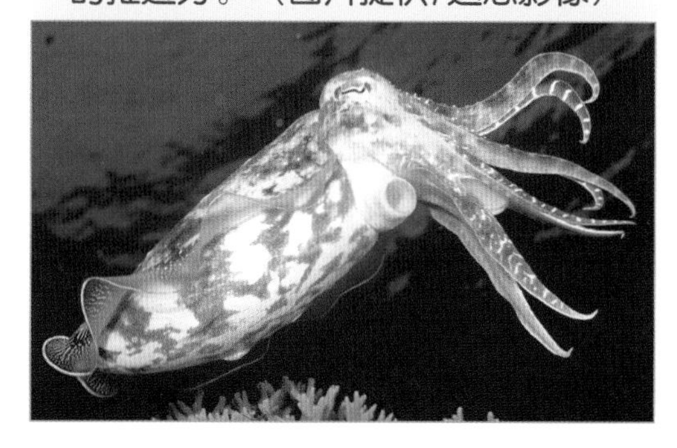

（人类大多在海洋表层活动，图片提供/维基百科）

单元7

表层洋区的动物

海洋的表层具有充足的光线，不仅可以照明，也可以提供藻类进行光合作用，因此有相当高的生产力和发达的食物链，成为许多大型海洋动物主要的栖息地。

浮游动物

生活在海洋表层的无脊椎动物大多是浮游动物，其中以体长只有几毫米的小型甲壳类为主，此外还有在海中漂浮的大型水母，部分的伞盖直径甚至超过1米。

在大部分的海洋环境中，浮游动物是最基础的消费者。虽然浮游动物体形微小，但是繁殖速度快，又位于食物链的底层，再加上海洋辽阔的面积，因此在某些富含营养盐的海域常会聚集庞大的群体。例如生活在寒带水域的磷虾，体长约2—5厘米，常常聚集成数量庞大的磷虾群，有时甚至会多到改变整个海面的颜色；在某些须鲸觅食的海域中，磷虾的密度可以高达每立方米海水中超过3万只，而须鲸一口就能吞下数以吨计的磷虾。

浮游动物通常随海流漂浮，水母虽然是海洋中的掠食动物，但游泳能力弱，也属于浮游生物。（图片提供/欧新社）

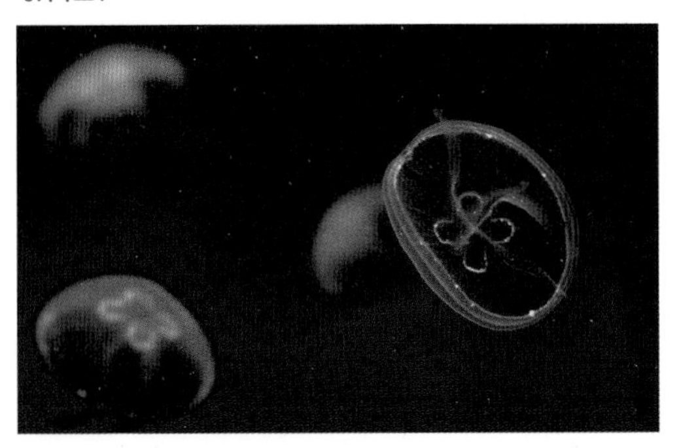

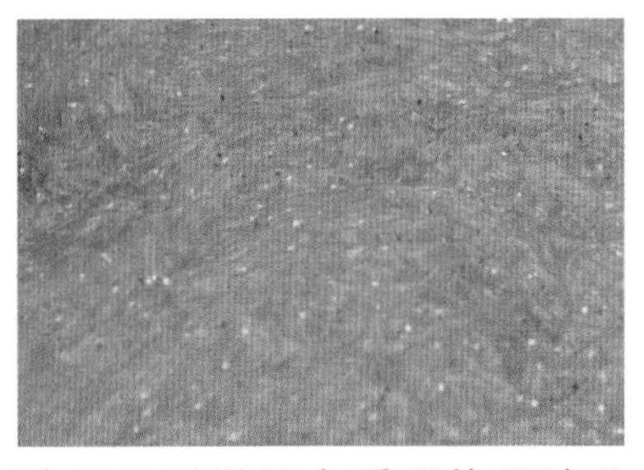

沙丁鱼是世界上重要的经济鱼种，约1—2年就成熟，母鱼可怀数万粒卵，因此族群恢复较快。（图片提供/维基百科，摄影/Elisa Prato）

鳀鱼以浮游生物为食，鱼群数量庞大，它们也是其他大型鱼类和海鸟的主食，族群量影响海洋生态。（图片提供/达志影像）

洄游鱼类

海洋中有许多群集性的洄游鱼类跟随着浮游动物活动，通常这些鱼类的体形不大，如沙丁鱼、鳀鱼等，它们以甲壳类浮游生物为食，通常在早晨和傍晚摄食，由于常常聚集成密度很大的群体，看起来有如海面的巨大阴影。鳀鱼、沙丁鱼等小型鱼类的寿命虽不长，

右图：飞鱼具有较大的胸鳍，受到天敌攻击时，可跃出海面滑翔，但来到空中也容易被海鸥等海鸟捕获。（图片提供/达志影像）

但产卵量却很大，平均每只雌鱼可产下约8,000—24,000个卵，因此族群可以在短时间内恢复。

跟随在鳀鱼、沙丁鱼群后面的，则是中大型、习性凶猛的掠食性鱼类，包含鲣鱼、鲔鱼、旗鱼、鰆鱼等游泳快速的肉食性鱼类，这些凶猛的掠食性鱼类甚至会把鱼群追赶到水面上，这给了海鸟可乘之机。除了中大型鱼类以外，须鲸也以小鱼为食，如大翅鲸还能集合多只一起同心协力，在海中用气泡筑起一道“气泡墙”，将小鱼围困在中间，形成一个密度很大的圆球状鱼群，然后再一起从鱼群的下方张开血盆大口，由下而上将鱼群一扫而空。

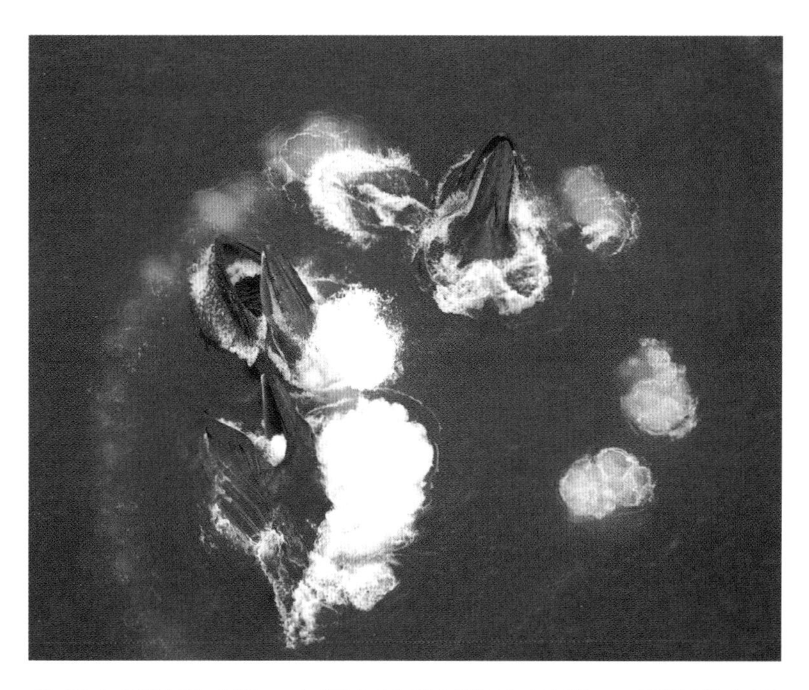

数只大翅鲸围成圈，在海中以喷气孔吐出气泡，再张嘴由下而上，吞食困在气泡墙中的小鱼。（图片提供/达志影像）

过渔与限额捕捞

许多生活在海洋表层的动物与人类的经济活动息息相关，尤其是鳀鱼、沙丁鱼、鲣鱼、鲔鱼等，自古就是人类重要的食物来源。但是，近年来人类毫无节制的捕捉，造成了这些鱼类数量下降，如20世纪70年代南美洲鳀渔业曾在短时间内快速发展，但不久便转趋萧条，这就是海洋资源过度利用的典型例子。为了保护资源，近年来许多国际组织通过协商，订定各国重要鱼种捕捞的限额，希望海洋资源能够永续利用。

鲔鱼是上层消费者，族群量小，受渔业捕捞的影响很大，因此保护组织限制各国的渔获量。（图片提供/欧新社）

单元8

中水层动物

（抹香鲸常潜到水深400米以下的海域栖息）

中水层动物的生活范围在水深200—1,000米，低温与高水压是它们主要的生存挑战，此外，还要避免被上层透射而来的光线暴露行踪，如此才不会被猎物或天敌发现。

稳定的微光世界

相较于海洋表层，中水层的环境相对较为稳定，特别是不用面对海面的波涛起伏，也不太需要对抗强劲的海流，因此生活在中水层的鱼类并不需要具备快速游泳的能力，外形也多半不是流线型。

在海洋的中水层只有微弱的光线，不足以提供光合作用所需的能量，用来提供照明也稍嫌不够，但是却可能形成阴影，泄露动物活动的踪迹，因此这个地区的鱼类进化出许多特殊构造，以免在较亮的背景中显露外形。此外，为适应微弱的光线，许多动物眼睛的感光能力增加，对生物光较敏感。例如灯笼鱼、褶胸鱼等身体的腹面具有发光器，可以利用发光来掩蔽外形，同时它们的身体薄如纸片，两侧还有明亮如镜的鳞片，可反射上层透射来的光线。除了鱼类之外，中水层还有许多无脊椎动物，如水母、乌贼、鱿鱼等，它们的外形与生活在上层的亲戚非常不同。

中层水域的动物容易被下方的掠食者发现身影，因此鱼类身体较扁，且具有反光的鳞片，以利于在微光中隐身。（图片提供/达志影像）

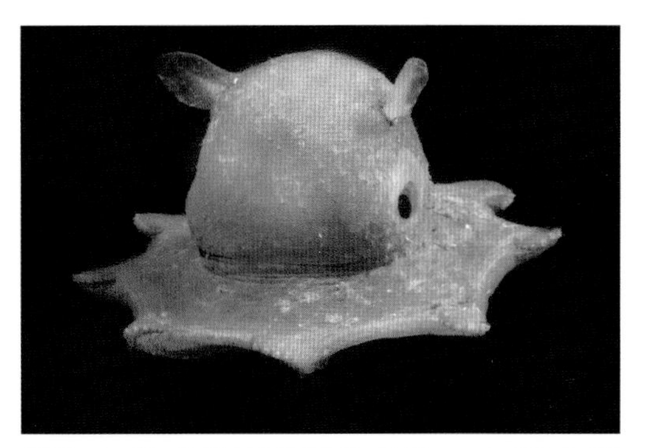

深海有很多外形独特的动物，如图中烟灰蛸属的章鱼，身体有突出的耳状鳍，且能发光。（图片提供/达志影像）

周期性的升降

中水层的动物和上层间并非毫无关连，许多小型的中水层动物会在两层之间进行周期性的升降。当太阳落至海平面下时，中水层的动物便逐渐上升至海洋的上层，某些水母甚至会上浮至海水的表面；直到日出前后，光线逐渐由暗转明时，它们又下降至中水层。它们每天周期性的升降，影响了一些大洋性海豚的生活习性，这些海豚往往利用夜间捕食浮到海洋上层活动的灯笼鱼或乌贼，等到白天这些动物下沉后，海豚才休息或进行社交活动。

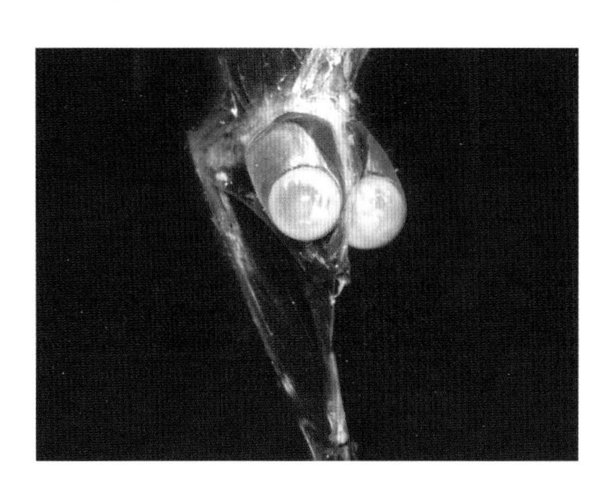

鞭尾鱼管状的眼睛可捕捉中水层的微弱光线。它白天向上游，以管状嘴吸食浮游动物，晚上则下沉。（图片提供/达志影像）

海洋动物的发光方式

许多中水层和深海动物能够发光，这是因为身上有独特的发光器，而发光器的位置与形状，通常和发光动物的生态习性或功能有关。深海动物的发光形式有两类：第一类是利用发光器中的共生细菌，动物供应养分与氧气给发光器中的共生菌，而发光细菌则不断地在里头繁殖、发光，这类动物的发光器外面有一层黑膜，功能就像窗帘一般，需要光线时就把它拉开，不要时就把它紧闭。第二类是自行发光的发光器，通常包括一群含有荧光素和荧光酶的发光细胞，荧光素可以借着荧光酶的催化作用而吸收能量，然后释放光子来发光。

深海鱼类眼睛附近的发光器可用来照明，而下巴延伸的发光器则用于诱捕食物。（图片提供/达志影像）

中水层的动物常进行垂直迁移，晚上浮到上层海域，因此有许多大洋性的海豚常在夜晚捕食。（图片提供/达志影像）

单元9

深海及海床动物

(深海热泉，图片提供/维基百科)

在深度超过1,000米的深海中，由于光线无法到达而显得一片漆黑。许多深海动物具有发光构造，除了用来照明，还能通讯、求偶、诱捕猎物。在黑暗的环境中，深海动物还须面对低温、高压和缺氧的环境挑战。

黑暗的动物世界

在深水潜水艇发明以前，许多人以为深海的海床是一片荒芜，然而随着科技的进步，科学家能够进行深海探测，这才发现深海海床上有形形色色的动物。即使在深度超过6,000米的海底深渊，还是住着许多甲壳类、比目鱼、深海鳗、鼠尾鳕、银鲛等。

深海的三足鱼有两个长长的胸鳍和一个加长的尾鳍，可以像三角架一样立在海床上，以免陷入海床的底泥里。(图片提供/达志影像)

由于深海的水压非常大，生活在这里的鱼类通常骨骼和肌肉都不发达，组织多孔而且具有渗透性，让体内和体外的压力一致。在深海海床，光线无法到达，所以终年都是黑暗的，许多深海动物的眼睛完全退化。其中，在海床上生活的腐食性动物，以上层掉落的尸骸及排泄物为生，在没有视力的情况下，以触须来觅食；至于深海的掠食性鱼类，

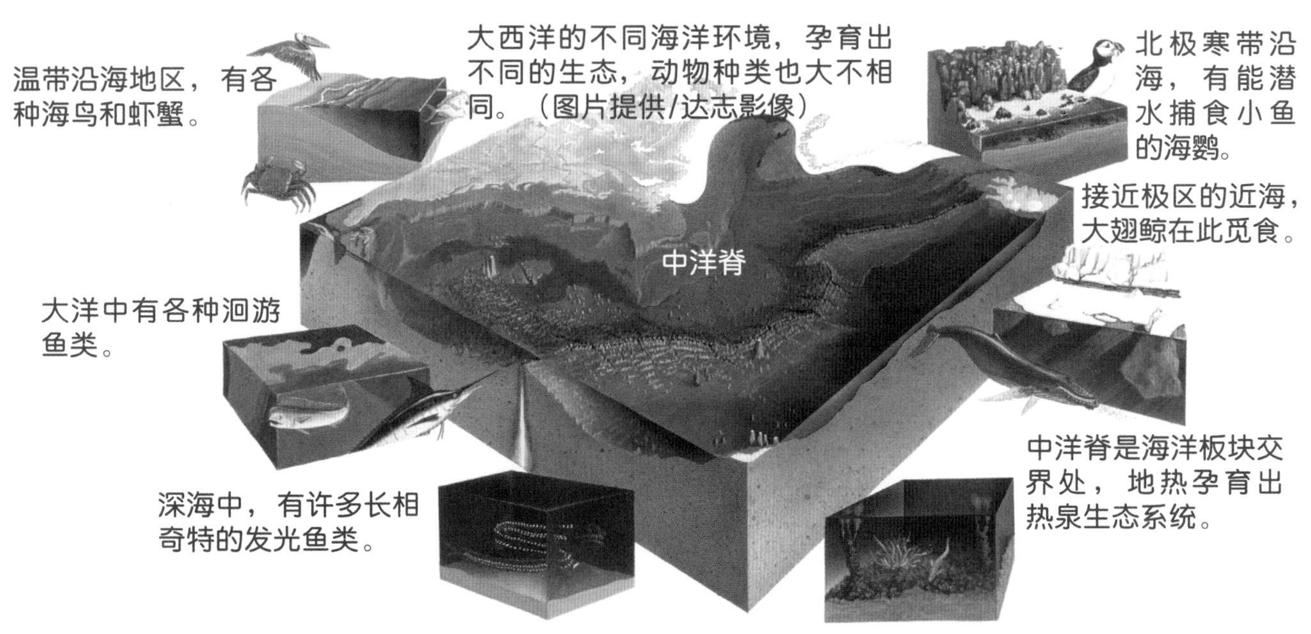

大西洋的不同海洋环境，孕育出不同的生态，动物种类也大不相同。(图片提供/达志影像)

则可利用生物光来捕食，由于深海的食物来源不多，而且无法预期，难得捕到猎物时，往往一次全部吞下，然后把食物储存在胃中慢慢消化，等待下一次猎物上门的机会。

鮟鱇鱼的嘴大，加上身体柔软，可以吞下很大的猎物，头部的发光器则用于引诱鱼虾接近。（图片提供/达志影像）

深海热泉生物

在深海海床上有一群独特动物，它们生活在海洋板块的交界处，那里终年有高温热泉喷出。1977年，美国深海潜艇在南美厄瓜多尔西部的深海发现了深海热泉，海底摄影机在深达2,500米的海床上拍摄到许多热泉涌出的海底烟囱，其间还有长达1米以上的巨大管虫（须腕动物）群聚，以及生活在管虫群聚之间的螃蟹、虾子和鱼类等。此时生物学家才体认到原来深海中还有庞杂繁盛的生态系统。这个特殊的生态系统，靠着热泉的高温提供能量，并以硫化菌为生产者合成有机物，供给大量的动物生存，就像海床上的绿洲，有着高度的生物多样性。

须腕动物栖息在热泉喷出口附近，红色的呼吸束可以吸收气体，传送到体内，供共生的硫化菌利用；这里还有绵鳚等小鱼，以须腕动物和小型虾蟹为食。（图片提供/达志影像）

须腕动物

在生物体内，需要氧气进行糖类代谢，并利用代谢产生的能量供给细胞活动，若是没有足够的氧气，细胞就会死亡，因此科学家推测在缺氧的深海中，不可能有大型的动物生存。那么深海热泉的大型须腕动物是如何生存下来的呢？答案在它们体内的共生细菌。这些细菌是一群非常古老的厌氧菌，可以利用硫来代谢糖类，提供细胞活动所需的能量。为了维持体内共生细菌的活动，须腕动物的前端有呼吸束，能吸收水中的硫化氢，供共生细菌进行化合作用。

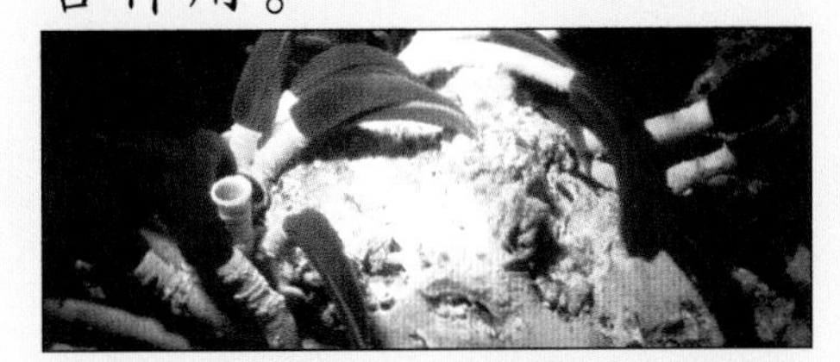

热泉生态系统中的须腕动物和贻贝等，体内都有共生的硫化菌，能以硫化氢合成有机物。（图片提供/维基百科）

（栖息在珊瑚间的海星）

单元10

海洋无脊椎动物

无脊椎动物起源于海洋，若说海洋是无脊椎动物的宝库一点也不为过，除了昆虫以外，海洋中还有海绵、刺丝胞、扁虫、环节、软体、节肢及棘皮等动物。无脊椎动物在食物链中大多扮演初级或次级消费者的角色，但也有大型的种类成为海中的顶级杀手。

海绵几乎全都生活在海洋，以体壁的孔状构造过滤水中有机碎屑，构造非常简单，可说是非常原始的多细胞动物。

简单的无脊椎动物

海绵（多孔动物）、刺丝胞动物、扁虫等动物的构造简单，是无脊椎动物中较原始的一群。其中，海绵是构造最简单、形态最原始的多细胞动物，它们从体壁的许多小孔引进海水，滤食水中的有机物。

刺丝胞动物包括浮游性的水母，以及固着性的珊瑚和海葵等。刺丝胞动物的身体只有一个开口，食物和残渣都由此进出，开口周围有许多触手，表面长满许多细小的刺丝胞，用来防御及摄食。珊瑚是珊瑚礁生态系统的基础。海葵的种类很多，大多体色鲜艳，基部附着在岩石或海床上，有些种类和小丑鱼、虾、蟹等形成共生关系。

水母等较低等的海洋无脊椎动物，构造非常简单。

复杂的无脊椎动物

环节、软体、节肢以及棘皮动物属于较高等的无脊椎动物，身体的构造也比较复杂。

海洋中的软体动物包括腹足纲的螺类和海蛞蝓、头足纲的乌贼和章鱼，以及双壳纲的各种贝类。其中腹足纲的鲍鱼广泛分布在世界各大洋的浅水区，是重要的养殖水产；色彩艳丽的海蛞蝓通常有毒，它们会把吃入的刺丝胞转移到皮肤。鹦鹉螺是原始的头足纲软体动物，现存3种，可说是“活化石”。现在海洋中最活跃的头足类动物是乌贼和章鱼，都具有墨囊，有些墨汁含有毒素，能用来攻击天敌，此外乌贼的游泳速度非常快，能快速逃离掠食者，素有“海中火箭”之称。

在海洋中，甲壳类是很重要的一群节肢动物，包括常见的各种虾、蟹，以及由许多小型甲壳类组成的浮游动物，是海洋生态系统中重要的初级消费者。海星、海百合、海胆和海参等属于棘皮动物，有些是什么都吃的杂食动物，有些则以藻类和有机碎屑为食，可说是海中的清除者。

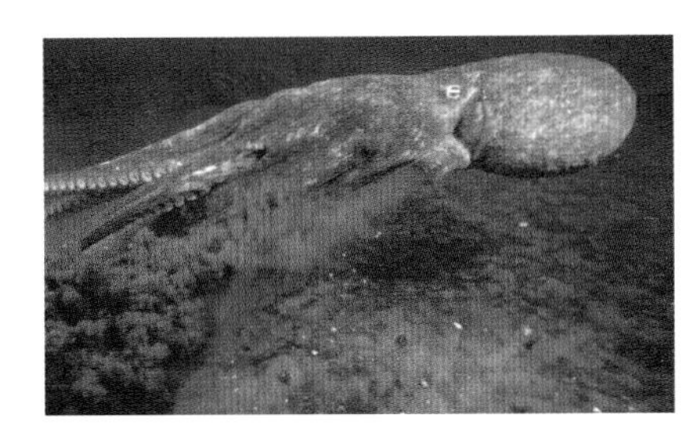

软体动物中的章鱼和乌贼，构造和行为都比较复杂，可以利用墨汁来防卫或捕捉猎物。（图片提供/达志影像）

海蛞蝓以海葵、珊瑚等为食，并将有毒的刺丝胞转移到皮肤，鲜艳的警告色让掠食者不敢接近。

古老的生物——鲎

鲎的祖先最早出现在古生代的泥盆纪(约4亿年前)，同时代的许多动物都已经灭绝，唯独鲎存活下来，并保有原始而古老的相貌，可说是一种活化石。在寒武纪及奥陶纪，鲎的种类及数量都很多，但现在全世界只剩下5种鲎存活下来。在鲎的胚胎发生过程中，幼鲎与古代的三叶虫十分类似，所以有人认为鲎可能是与三叶虫由共同祖先演化而来。鲎因为背甲外形类似马蹄，所以西方人也称它们为“马蹄蟹”。鲎在夏天进行繁殖，雌性和雄性一起聚集在潮间带，雄鲎紧抱住雌鲎，在雌鲎用脚挖坑产卵的同时，雄鲎也把精子排放在卵上，完成受精。

现在的鲎和它们数亿年前的祖先非常相似，被认为是一种活化石。（图片提供/达志影像）

左图：甲壳动物是海洋食物链中重要的一环，其中龙虾等大型甲壳类，还是人类喜爱的食物来源。（图片提供/达志影像）

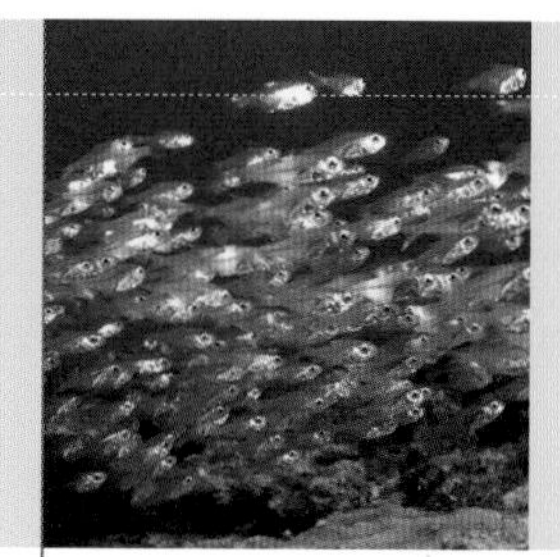

海洋鱼类

（鱼类广布在海洋各个区域）

虽然现代硬骨鱼起源于淡水，却更能适应海洋生活，因此海洋成为硬骨鱼类的大本营；而软骨鱼起源于海洋，也几乎只生活在海中。根据估计，全世界海洋中约有5万种鱼类，分布范围遍及所有的海域，各种深度的海中都有鱼类栖息。

硬骨鱼类

海洋中有种类和数量众多的硬骨鱼类，它们的体形、行为和食性都有很大的不同，是海洋中最多彩多姿的脊椎动物。鱼类的形态、行为与环境息息相关：生活在礁岩地区的鱼类，大多具有鲜艳的体色；鲟、鳗等穴居性鱼类，多半具有圆筒般的身体，方便躲入礁岩的洞穴中；底栖的比目鱼身体扁平，同时身上的纹路可以随周围的环境而改变，让

硬骨鱼的脊椎、头骨、肋骨、颚骨等都是由硬骨构成，但身体还留有部分软骨组织。（图片提供/达志影像）

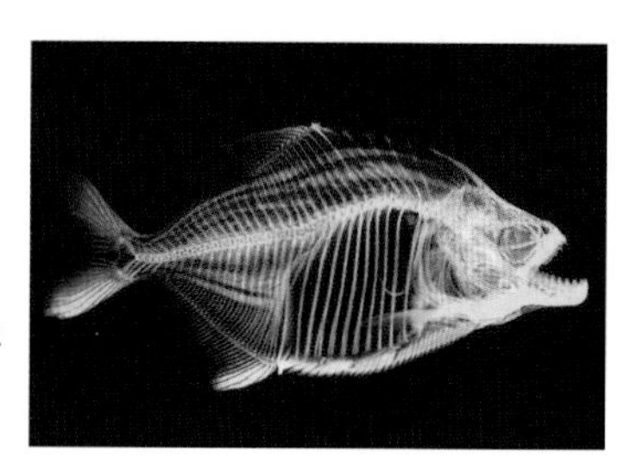

它们难以被天敌或猎物发现。

在辽阔的海洋中，小型鱼类常在表层形成庞大的鱼群，借以分散被捕食的风险；而在鱼群的下方，则有中、大型的掠食性鱼类跟随。到了深海黑暗的环境，很多鱼类自备发光器，除了吸引猎物，也用来求偶，由于在深海很难遇到异性，雄鮟鱇鱼在遇到雌鱼后，甚至牢牢地寄生在雌鱼身上。

软骨鱼类

相较于硬骨鱼类，软骨鱼类的种类较少，常见的有鲨、鲛、魟等。大部分的鲨鱼都是游泳好手，强壮的尾鳍可以提供前进的推力，再靠着巨大的胸鳍形成上升的浮力；魟鱼则进化出扁平的身体，

鳟又称为海鳗，具有细长易弯曲的身体，以利在洞穴中活动。（图片提供/维基百科）

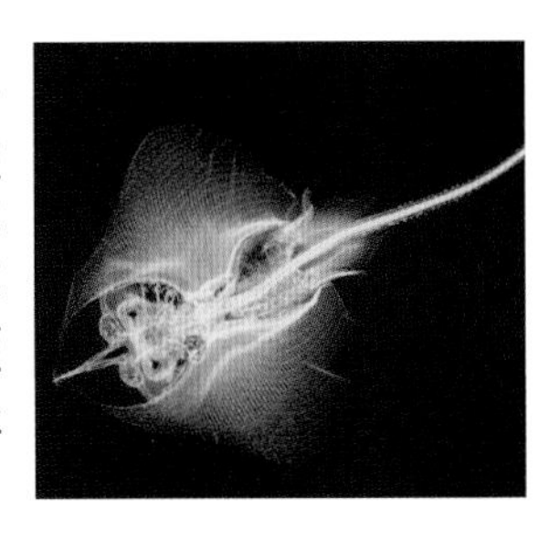
软骨鱼全身的骨骼都由富有弹性的软骨构成，不具鱼鳔，因此不游泳时，身体便会下沉。（图片提供/达志影像）

它们多半居住在浅海的海底，摆动巨大的胸鳍，如鸟类拍翅般在水中“飞行”。大部分的软骨鱼是肉食性鱼类，不过鲸鲨、象鲛等却发展出滤食的生活方式，常在海面张着口前进，过滤浮游动物。

不论是凶猛的鲨鱼或温和的鲸鲨，目前都陷入了生存困境。我们常说的鱼翅实际上是许多种鲨鱼的鳍，而台湾地区人们爱吃的豆腐鲨则是滤食性的鲸鲨，由于人们对鲨鱼肉及鱼翅的需求，已有1/3的鲨鱼濒临灭绝，科学家估计20年后，鲨鱼可能完全消失。

为了供应亚洲的鱼翅市场，平均每年约捕杀3,000多万头鲨鱼，主要种类包含青鲨、圆头鲨等。（图片提供/欧新社）

用吸管做热带鱼

鱼类的外形变化多端，有长有短、有圆有扁，但身上的鳍却是最明显的特征。试着用吸管来做热带鱼，了解鱼儿的身体构造！

材料：不同颜色的吸管各3根、白胶、剪刀、长尾夹、活动眼睛、订书机

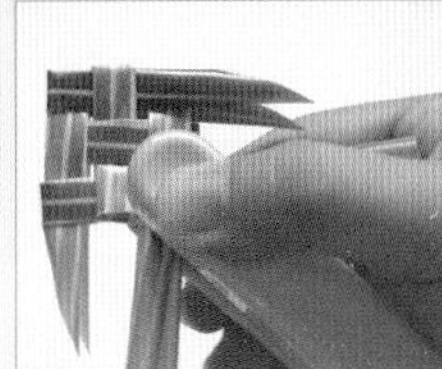

1. 将两根吸管对折压扁后，互相勾住。
2. 加入第二层，与第一层相反的方向互勾。
3. 先用长尾夹固定，再在吸管后方将第一层剪齐，第二层的吸管插进第一层后压平。
4. 剪掉长尾巴，以订书针固定后，再黏上眼睛，吸管鱼就完成了。

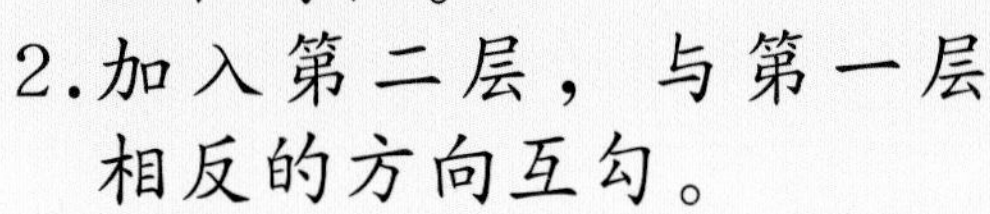
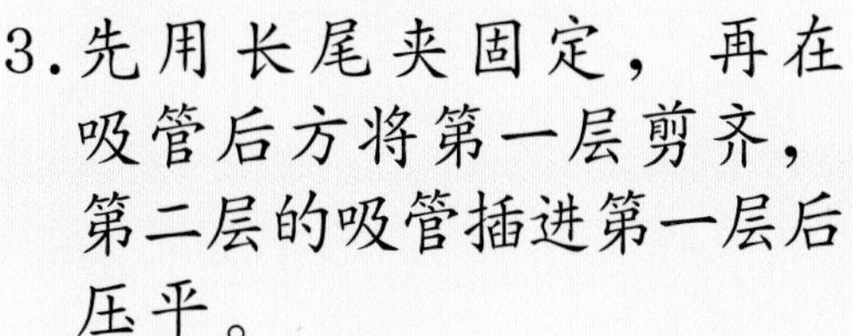
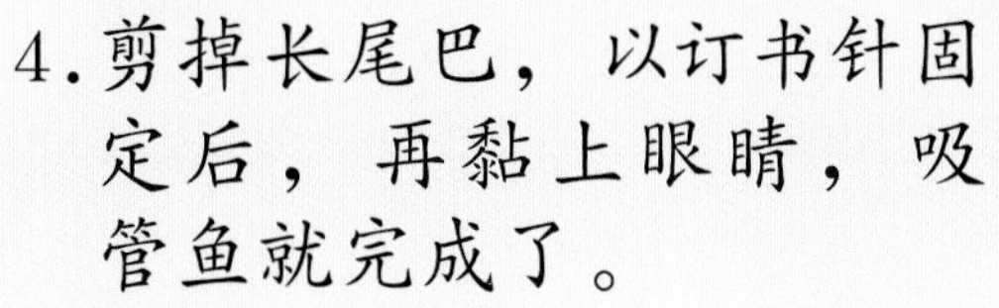
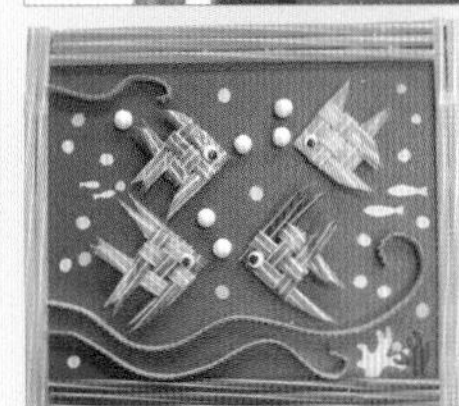
（制作/林慧贞）

魟以大型的胸鳍推动身体前进，口位于下方，以小型底栖鱼类和无脊椎动物为食。（图片提供/达志影像）

（企鹅）

单元12

海洋鸟类

海洋丰富的食物吸引了许多鸟类觅食，由于大部分的海鸟仍必须在陆地上产卵，因此海鸟主要仍在接近陆地的海域活动。海鸟在生理或形态上进化出许多独特的适应性，企鹅甚至完全抛弃了飞行能力，成为完全适应水中生活的鸟类。

除了以海洋鱼类为食，贼鸥还会捕捉其他海鸟的蛋和雏鸟，尤其是聚集繁殖的企鹅。（图片提供/达志影像）

觅食

大部分的海鸟主要捕食靠近水面的鱼类，但少数海鸟可以潜到水深超过100米的海中。不同种类的海鸟有不同的觅食方法，燕鸥会在空中定点振翅，然后俯冲入水捕捉水面的小鱼；海雀则能潜入海中，像企鹅一样在水中游泳，追逐小鱼。

除了自己觅食以外，也有一些海鸟专门扮演“海盗”的角色，抢夺其他海鸟辛苦捕来的鱼类。军舰鸟就是一种非常典型的海盗鸟，除了抢夺鱼类，还常偷吃其他海鸟的蛋或幼鸟，并捕食沙滩上刚孵出的小海龟。此外，贼鸥也是海上著名的海盗，它们会在其他海鸟返巢哺育幼儿时攻击受害者，迫使它们吐出肚子里准备喂给幼鸟的食物。

军舰鸟抢食燕鸥口中的小鱼。

海鸟游泳的能力和方式不同，因此也会以不同的方式捕鱼。（插画/陈正堃）

鲣鸟可由空中俯冲进海中捕食。

鹈鹕用袋状的喙捞鱼。

海燕等待鹈鹕遗漏的小鱼。

潜鸟以蹼状的脚推进，潜入海中捕食。

剪嘴鸥贴着海面飞行，将喙的下部伸进海水，碰到食物立刻合上。

企鹅和海雀，可以在海中游泳追逐小鱼。

海鸥在峭壁上集体筑巢，以免受到陆上天敌的威胁，同时也方便觅食并养育雏鸟。（图片提供/GFDL，摄影/Tom Corser）

繁殖与育幼

海鸟在天空中飞行、在海中觅食，但繁殖时仍要回到地面。部分海鸟和其他鸟类一样有复杂的求偶仪式，例如雄性的军舰鸟会鼓起红色的气囊吸引雌鸟的注意，海鸥以事先筑好的巢吸引雌鸟，企鹅则以小圆石筑巢作为求偶的工具。

大部分海鸟的巢穴都很简单，海鸥多半在陡峭崎岖的礁岩上繁殖，以避免遭受陆上天敌的威胁，它们通常聚集在一起繁殖，有些地区数量甚至高达数万只。许多海鸥都会利用上一年筑的巢，每次产2—4个卵，大约25天就能孵出幼鸟，而小海鸥在出生40天后就能飞向大海，独立生活。

信天翁一生都在天空滑翔，只有在繁殖时才会停在陆地上，由于育雏时间长，每两年繁殖一次。（图片提供/达志影像）

马拉松飞行的高手——燕鸥

如果要在鸟类中选一个飞行马拉松的选手，燕鸥可以说是这个项目的高手。燕鸥的一生绝大部分都在空中度过，除了捕食海中的鱼类之外，其他如睡眠、求偶、交配等都在空中完成，只有等到产卵育幼时才会回到地面，然而一旦当幼鸟离巢，成鸟又再度飞向空中。

北极燕鸥每年在北极繁殖，繁殖季后便往南极迁移，是迁移距离最长的鸟类。（图片提供/维基百科，摄影/Joby Joseph）

海鸥只能捕食海面上的鱼类，因此常聚集在其他动物觅食区附近，等待被驱赶到海面的小鱼。（图片提供/达志影像）

不会飞的海鸟——企鹅

并非所有的海鸟都是飞行高手，像生活于南半球的企鹅就完全丧失了飞行能力，转而成为游泳高手。大部分人都认为企鹅只生活在南极，其实它们在南半球的分布范围很广，甚至在赤道附近的海岛上都有企鹅的踪迹。企鹅是最适应海中生活的鸟类，除了繁殖时几乎都在海中活动，海豹、鲨鱼、虎鲸等大型掠食者是它们主要的天敌。

(常见的瓶鼻海豚)

海洋哺乳类

哺乳类原是陆地上生活的动物，但有些哺乳类也生活在海中，如鲸豚、海狮、海豹、海牛、儒艮等，这些哺乳类在形态、生理及行为上，都有各自的适应性。

鲸与海豚

鲸与海豚在分类上都属于鲸目，祖先来自陆地，经过上千万年的进化，现代的鲸类已经完全失去陆生哺乳动物的外形，取而代之的是鱼类般流线体形。鲸类的前肢演化为鳍，后肢则完全退化，不过内部构造还是保留了陆生哺乳动物的器官，如以肺呼吸空气中的氧气。

须鲸利用口中的鲸须板过滤海水，摄食其中的浮游生物和小鱼。为了吞下大量的海水，须鲸的口占很大比例。（图片提供/达志影像）

根据外形、食性及进食方式，鲸类可分成须鲸及齿鲸两大类。须鲸具有鲸须，可以滤食海水中的浮游动物、磷虾或成群的小鱼。须鲸的体形庞大，其中蓝鲸体长可达33米，心脏的大小就相当于一辆甲壳虫汽车，是现在世界上最大的动物。齿鲸口中具有牙齿，主动捕食海中的鱼类和鱿鱼。种类包括大型的抹香鲸、喙鲸，以及中小型的虎鲸、海豚、鼠海豚等，其中最大的是抹香鲸，雄性的体长可达19米，最小的鼠海豚体长只有1—2米。

抹香鲸是体形最大的齿鲸，可潜水到1,000米的深海，捕猎海中的大乌贼。（图片提供/达志影像）

其他的海洋哺乳类

海狮和海豹都属于食肉目鳍脚亚目，虽然称为海洋哺乳动物，但严格来说，只能算是两栖的海洋哺乳类，它们会长时间进入海中捕食鱼类，但大部分的时间仍栖息在海岸或海面的冰层上。

鳍脚类哺乳动物具有厚且细致的毛皮以抵御冰冷的海水，这也使它们遭到大量猎捕。海狮、海豹是食物链上层的消费者，同时也是许多海洋中大型掠食者重要的食物来源，如大白鲨、虎鲸会伺机捕食年幼的海豹；由于人类趴在冲浪板上的投影与海狮类似，因此造成许多冲浪手遭到大白鲨的误击。

除了鳍脚亚目的哺乳类之外，海洋哺乳类还包含海牛、海獭等。此外，北极熊因为经常捕食海豹，也被列入海洋哺乳类之中。这些海洋哺乳类除了受到人类的捕杀大量减少外，气候变迁导致的栖息地的消失，也使它们面临严重的生存危机。

蓝鲸和鼠海豚的体形比较。（图片提供/维基百科，绘图/T. Bjornstad）

大白鲨通常在水底寻找猎物，发现海豹的身影时，便快速向上咬住海豹，甚至可以跃出水面达3米。（图片提供/达志影像）

海狮约有一半的时间生活在海中，在水中动作非常敏捷，潜水时间最长可达1个小时。

水手眼中的美人鱼

儒艮和海牛是除了鲸与海豚以外，另一类完全适应水中生活的哺乳类，以海草或水生植物为食，是海洋中不折不扣的初级消费者。它们的前肢演化为鳍，后肢退化，据说雌兽哺乳时会以鳍肢抱着幼兽浮在海上，远看像人，因此被水手误认为是美人鱼。在分类上，儒艮自成一目，称为儒艮目。同一类的动物还有海牛。两者最主要的区别是儒艮生活于淡水或河口，海牛则生活于海洋中。全世界只有1种儒艮及3种海牛，纪录中最大的海牛是史特拉海牛，体长可以达到7.5米，但在18世纪时因为人类的过度捕杀而绝种。

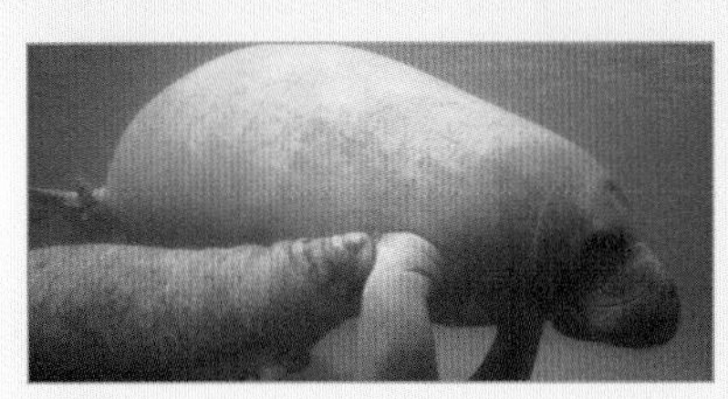
海牛和幼兽关系密切，幼兽断奶后还跟在母亲身边，甚至会协助照顾新生弟妹。（图片提供/维基百科）

（传统渔捞法）

单元14

海洋动物保护

由于人类的科技进步，对海洋动物的利用能力大增，造成海洋动物大量消失，让海洋生态难以恢复。此外，水污染和气候变暖也是海洋生态的杀手。

由于渔业技术的进步，人们捕鱼愈来愈有效率，但因为过度捕捞，造成海洋资源日渐枯竭。（图片提供/欧新社）

过度渔捞

海洋中的鱼类，自古就是沿海地区人类重要的蛋白质来源，而随着科技进步及航海技术的发达，人类渔捞范围越来越广、数量越来越多。过度渔捞的结果是造成动物成熟的体形逐渐变小，一方面是由于体形大的个体被捕捉殆尽，另一方面则是由于族群量下降时，会造成动物性成熟的年龄提前，加快繁殖以恢复族群量，因此捕到的鱼体形越来越小。此外，过度渔捞还会增加误捕其他海洋动物的机会，特别是海鸟、海龟、鲸豚和鲨鱼等，它们一旦被渔网缠住，大多只有死路一条。

人类对海洋资源的过度利用，已经严重威胁到许多动物的生存，然而海洋动物的保护，不能只要求渔捞业者，还要科学

海龟并不是渔民的捕捞对象，却可能被作业的渔船误捕，这类误捕会对原本数量较少的动物造成伤害。（图片提供/达志影像）

家、保护团体及政府单位共同协助。以东热带太平洋的鲔鱼渔业为例，原本的捕捉方式容易误捕海豚，因此科学家便进行作业方式的改良，而保护团体及政府单位则借由辅导和补助，引导渔民接受新网具，使海豚误捕的数量下降，同时渔民也得以维持生计。

科学家进行洋流研究，发现全球变暖对海洋生态有严重的影响。海水温度的改变会影响洋流，进而影响浮游生物和其他动物的生长。（图片提供/欧新社）

污染与全球变暖

来自陆地的河川溪流源源不断地流向海洋，使海洋成为废水最后的集中地，而其中的污染物质可能随食物链层层累积，使海洋生物都受到污染，不仅危及位居食物链顶端的高级消费者，也影响人类的健康。此外，随着全球变暖，海水温度上升、南北极冰山消融，使部分洋流改变，进而改变了海洋食物链底层生物的分布，更对高级消费者造成全面性的影响。唯有全世界减少污染物和温室气体的排放，才能恢复海洋的生机。

渔民协助清除海面的漏油。科学家正努力研究快速清除海面油污的方法，以减少对海洋生物的伤害。（图片提供/欧新社）

须鲸挽歌

须鲸是现今地球上体形最大的动物，却也是面临生存危机最严重的生物。早期人类捕鲸的目的是满足自己食用，还不致严重危害须鲸的族群。但到了18世纪之后，捕鲸工具的改进及捕鲸的商业化，使得多种须鲸濒临灭绝，因此国际捕鲸会议决议在20世纪80年代起全面禁止商业化捕鲸。之后，某些须鲸的族群量逐渐恢复，例如美洲西岸的灰鲸在20世纪80年代约2,000头，而现今已经超过20,000头。然而还有许多须鲸的族群量难以恢复，例如北大西洋的露脊鲸依目前的情形估计，将会在未来200年内消失。

从18世纪开始的商业捕鲸，造成许多种大型的鲸类濒临灭绝，至今族群量还难以恢复。（图片提供/达志影像）

英语关键词

海洋 ocean

沿海 coast

大洋区 pelagic zone

大陆棚 continental shelf

透光区 photic zone

不透光区 aphotic zone

洋流 ocean current

海洋生物 marine biology

生态系统 ecosystem

食物链 food chain

生产者 producer

初级消费者 primary consumer

次级消费者 secondary consumer

顶级掠食者 top predator

浮游藻类 phytoplankton

浮游动物 zooplankton

须鲸 baleen whale

珊瑚 coral

珊瑚礁 coral reef

共生藻 zooxanthella

裙礁 fringing reef

堡礁 barrier reef

环礁 atoll

渗透压 osmosis pressure

鳃 gill

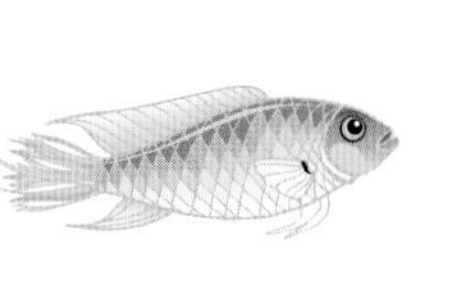

肾 kidney

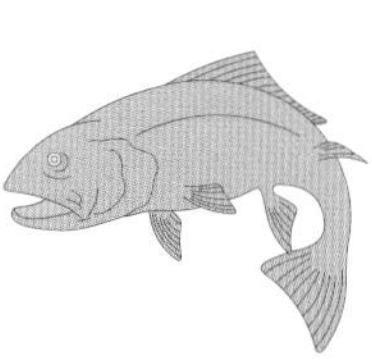

尿素 urea

鼻腺 supraorbital gland

阻力 drag

摩擦力 friction

无脊椎动物 invertebrate

海绵 sponge

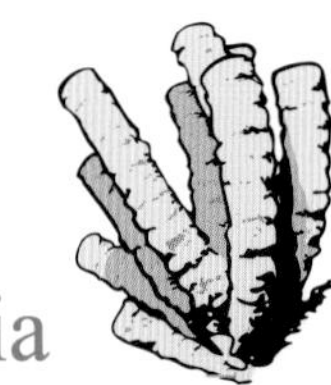

刺丝胞动物 Cnidaria

水母 jelly fish

软体动物 mollusc

海蛞蝓 sea slug

乌贼 squid

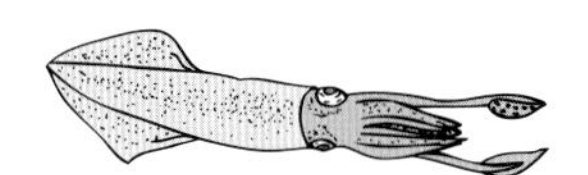

甲壳类 crustacea

磷虾 krill

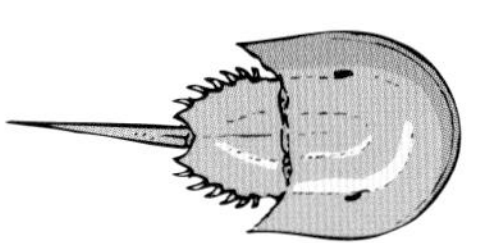

鲎/马蹄蟹 horseshoe crab

棘皮动物 echinoderm

海胆 sea urchin

脊椎动物 vertebrate

鳀鱼 anchovy

鲔鱼 tuna

鲨鱼 shark

魟 skate

海鸟 seabird

企鹅 penguin

信天翁 albatross

军舰鸟 frigate bird

海洋哺乳类 marine mammal

鲸类 cetacean

鲸 whale

海豚 dolphin

鳍脚类动物 fin—footed mammal

海豹 seal

海牛 manatee/sea cow

过度渔捞 overfishing

误捕 bycatch

渔具 fishing gear

渔法 fishing method

海洋污染 ocean pollution

商业捕鲸 commercial whaling

新视野学习单

1 生物分布会受到海洋环境影响，请将下面动物和它们生长的环境连接起来。

珊瑚· ·深海热泉
巨大管虫· ·浅海透光区
发光鱼类· ·大洋表层
海藻场· ·中水层微光区到深海
浮游藻类· ·沿海潮下带

（答案在06—09页）

2 关于珊瑚礁生态系统和大洋生态系统，下列叙述对的打○，错的打×。

（　）珊瑚礁生态系统被称为“海中热带雨林”；大洋生态系统被称为“海中的沙漠”。
（　）珊瑚礁生态系统的面积大于大洋生态系统。
（　）两种生态系统的主要生产者都是浮游藻类。
（　）珊瑚礁多半分布在水深50米以内的浅海；大洋生态系统则位于水深超过200米的海域。

（答案在10—13页）

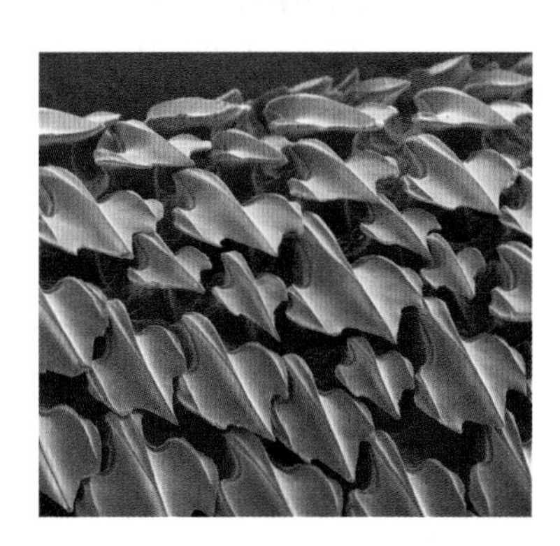

3 关于海洋动物维持体内水分的方法，下面描述哪些是对的？（多选）

1.硬骨鱼的鳃可将过多的盐分排到体外。
2.软骨鱼体内的浓度比海水高，以排尿将过多的水排出。
3.海鸟的鼻腺可以将过多的盐分排出。
4.鱼类体表具有防止水分流失的角质，可保住体内水分。

（答案在14—15页）

4 海洋动物为了快速游泳，有哪些适应水中环境的构造？（多选）

1.身体呈流线体形，减少游泳时的阻力。
2.光滑的体表，减少水中的摩擦力。
3.圆形的尾鳍，增加拍动水的面积，使身体向前推进。
4.以喷水管将海水喷出，产生推进力。

（答案在16—17页）

5 海洋可分为表层、中水层和海床，关于各层动物的叙述，对的打○，错的打×。

（　）表层的生物种类和数量最多，构成发达的食物链。

(　) 洄游性鱼类大多生活在大洋的表层，游泳能力强。
(　) 中水层的光线昏暗，因此多数动物的眼睛完全退化。
(　) 深海海床动物很少，因此掠食性鱼类具有大嘴，以吞食大型猎物。
(　) 深海热泉主要的生产者是动物体内的共生藻类。

(答案在18—23页)

6 连连看，请把下列各种海洋无脊椎动物与所属的分类系统连起来。

龙虾·	·软体动物门头足纲
棘冠海星·	·节肢动物门甲壳纲
鹦鹉螺·	·多孔动物门
石珊瑚·	·棘皮动物门
海绵·	·软体动物门腹足纲
海蛞蝓·	·刺丝胞动物门

(答案在24—25页)

7 鱼类分为硬骨鱼和软骨鱼，以下特征属硬骨鱼的请填1，属软体鱼的请填2。

(　) 脊椎和头盖骨等为硬骨构成。
(　) 没有鳔，因此不游泳时会向下沉。
(　) 起源于淡水，但在海洋中种类很多。
(　) 鳍被用来做成鱼翅。
(　) 鲨和鲛等大型掠食性鱼类。

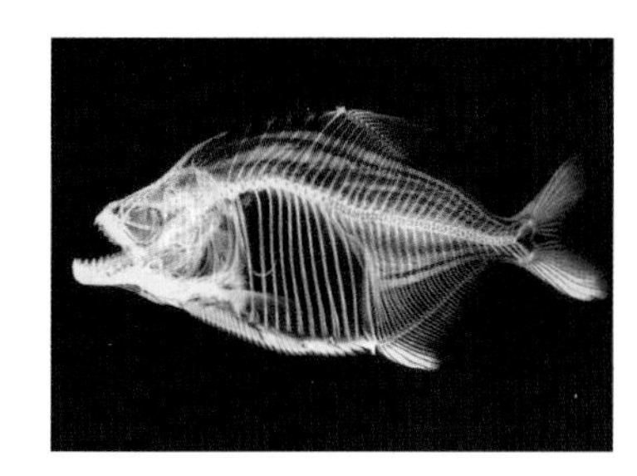

(答案在26—27页)

8 下列哪一种鸟类“不是”生活在海洋的海鸟?

1. 军舰鸟　　2. 海鸥　　3. 信天翁　　4. 小白鹭

(答案在28—29页)

9 海洋哺乳类是特殊的海洋生物，将正确的种类填入空格。

全世界最大的动物是____________
可以潜得最深的鲸类是____________
属于鳍脚亚目的海洋哺乳动物有____________
素食的海洋哺乳动物是____________

(答案在30—31页)

10 关于海洋动物的保护，下列叙述对的打○，错的打×。

(　) 人为猎捕对海洋动物的生存有很大的威胁。
(　) 误捕海龟或海豚只要放回海里就好了，不会有影响。
(　) 陆地上的污染不会影响海洋。
(　) 全球变暖改变海洋生物的分布。

(答案在32—33页)

我想知道……

这里有30个有意思的问题，请你沿着格子前进，找出答案，你将会有意想不到的惊喜哦！

为什么藻类只能在透光区生长？ P.07

深海鱼快速上升为什么会死亡？ P.07

海洋最的生产什么？

深海中氧气不足，巨大管虫呼吸哪一种气体？ P.23

鮟鱇鱼头部的发光器有何功用？ P.23

深海鱼如何适应强大的水压？ P.22

太棒赢得金牌。

三足鱼真的有3只脚吗？ P.22

哪一种海鸟不会飞？ P.29

是不是只有南极才有企鹅？ P.29

为什么渔民捕到的鱼愈来愈小？ P.32

深海鱼的发光器如何发光？ P.21

为什么军舰鸟又称“海盗”鸟？ P.28

鱼翅是鲨鱼的哪一个部位？ P.27

颁发洲金

太厉害了，非洲金牌也是你的！

大翅鲸如何制造气泡墙？ P.19

飞鱼真的能飞吗？ P.19

哪种形状的尾鳍可产生较大推进力？ P.17

鱼类主要个鳍

主要
者是
P.08

深海热泉的生产者是哪一种生物？
P.09

哪一种生态系又称“海中的热带雨林”？
P.10

不错哦，你已前进5格。送你一块亚洲金牌！

没有共生藻的珊瑚会变成什么颜色？
P.11

为什么珊瑚要集体产卵？
P.11

为什么大洋生态系又称为“海中的沙漠”？
P.12

为什么鱼要随着洋流洄游？
P.13

为什么鲨鱼皮摸起来粗粗的？
P.16

获得欧洲金牌一枚，请继续加油！

枪乌贼如何游泳？
P.17

游泳时
以哪一
来推进？
P.17

了，
美洲

什么是最原始的多细胞动物？
P.24

海蛞蝓的毒性来自哪里？
P.25

什么动物又称“海中火箭”？
P.25

太好了！
你是不是觉得：
Open a Book！
Open the World！

大洋
牌。

大白鲨是硬骨鱼还是软骨鱼？
P.26

哪一类动物被认为是海中的清除者？
P.25

图书在版编目（CIP）数据

海洋动物：大字版 / 黄祥麟撰文．—北京：中国盲文出版社，2014.5
（新视野学习百科；24）
ISBN 978-7-5002-5044-9

Ⅰ．①海… Ⅱ．①黄… Ⅲ．①水生动物—海洋动物—青少年读物 Ⅳ．①Q958.885.3-49

中国版本图书馆 CIP 数据核字（2014）第 066207 号

原出版者：暢談國際文化事業股份有限公司
著作权合同登记号 图字：01-2014-2149 号

海 洋 动 物

撰　　文：黄祥麟
审　　订：戴昌凤
责任编辑：亢　淼
出版发行：中国盲文出版社
社　　址：北京市西城区太平街甲 6 号
邮政编码：100050
印　　刷：北京盛通印刷股份有限公司
经　　销：新华书店
开　　本：889×1194 1/16
字　　数：33 千字
印　　张：2.5
版　　次：2014 年 12 月第 1 版　2014 年 12 月第 1 次印刷
书　　号：ISBN 978-7-5002-5044-9/Q · 21
定　　价：16.00 元
销售热线：（010）83190288 83190292